Prospekte der Simulation von "Fluid within Fluid Strukturen" in gewöhnlichen Strömungsfeldern

Prospects of "FwF" Computing in Ordinary Fluidfields

Michel Felgenhauer

Bibliografische Information der Deutschen Nationalbibliothek:

Die Deutsche Nationalbibliothek verzeichnet diese Publikation in der Deutschen Nationalbibliografie; detaillierte bibliografische Daten sind im Internet über http://dnb.d-nb.de abrufbar.

ISBN: 9783346648341
Dieses Buch ist auch als E-Book erhältlich.

Prospekte der Simulation von „Fluid within Flud Strukturen"
in gewöhnlichen Strömungsfeldern

Prospects of „FwF" Computing in ordinary Fluidfields

Michel Felgenhauer, Berlin 2022

Es existiert keine Theorie der Fluid within Fluid-Tubes (FwF). Eine praktikable Phänomenologie der Fluid within Fluid-Tubes fußt einerseits auf der Wirbelphysik von Helmholtz und sie respektiert auf der anderen Hand die Definition Lagrange Kohärenter Systeme Hallers.
Die Phänomenologie der Fluid within Fluid-Tubes hadert mit beiden etablierten Theorien und mit der rezenten Lehrmeinung.
Der Aufsatz fasst Aspekte tradierter Wirbelmodelle und die Theorie Lagrange Kohärenter Systeme zusammen, um im Anschluss Prospekte einer Phänomenologie der Fluid within Fluid-Tubes in Aussicht zu stellen.

There is no theory of Fluid within Fluid-Tubes (FwF). A practicable phenomenology of Fluid within Fluid-Tubes is based on the one hand on the vortex physics of Helmholtz and it respects on the other hand the definition of Lagrangian coherent systems of Haller.
The phenomenology of Fluid within Fluid-Tubes quarrels with both established theories and with the recent doctrine.
The paper summarizes aspects of the traditional vortex models and the theory of Lagrangian coherent systems, in order to offer prospects of a phenomenology of Fluid within Fluid Tubes.

Tradierte Aspekte. Wirbel.

Wirbel oder Vortex bezeichnen in der Strömungslehre eine drehende Bewegung von Fluidelementen. Wirbelphänomene finden in deformierbaren Medien statt. Die theoretischen Grundlagen der modernen Wirbelphysik reichen zurück in das 18te Jahrhundert, aber als Naturphänomen sind sie schon in der Antike von Interesse. Einer nach Archimedes benannten spiraligen Figur, er beschreibt sie in seiner Abhandlung „Über Spiralen" (225 v. Chr.), ist das natürliche Phänomen links- und rechtsdrehende Wirbel inhärent und anzusehen. Bei den Griechen, später Leonardo da Vinci bis zu Leibnitz sind Naturerscheinungen spiraliger Muster Gegenstand experimenteller Untersuchungen und theoretischer Erklärungen. Mit der Wirbelphysik begab man sich von je her in das Spannungsfeld der tradierten, herrschenden und einer zukünftigen Wissenschaft und Lehrmeinung unabhängig davon, ob das zu untersuchende System in immer kleinere Teile zerlegt wird (Deduktionismus) oder als nicht-inertiales Wechselwirkungsgeschehen mit seiner Umgebung (Holismus) beobachtet und beschrieben wird.

Leonhard Euler[1] führt um 1755 die Bewegungsgleichung einer reibungslosen inkompressiblen Flüssigkeit ein und begründet damit die Fluiddynamik wie wir sie heute sehen. Er (Euler) benennt das fundamentale Konzept des Wirbel-Vektors (vorticity vector), der heutigen Rotation ($\nabla \times$). Joseph-Louis Lagrange[2] erhält mit nur 19 Jahren einen Lehrstuhl für Mathematik an der Königlichen Artillerieschule in Turin und veröffentlicht seine ersten wissenschaftlichen Arbeiten über Differentialgleichungen und Variationsrechnung. 1766 geht Lagrange als Nachfolger von Leonhard Euler als Direktor an die Königlich-Preußische Akademie der Wissenschaften nach Berlin. Auf Lagrange geht die für Strömungsfelder so bedeutsamen Potentialtheorie[3] zurück, aus der sich um 1800 die Feldtheorien[4] entwickeln. Zu Beginn des 19ten Jahrhunderts sind die theoretischen Fundamente einer Wirbeltheorie bereits Stand der Wissenschaft. William Thomson [5](Lord Kelvin) findet das Zirkulationstheorem und steht in den 50er Jahren des 19ten Jahrhunderts in Kontakt und Korrespondenz mit Hermann von Helmholtz in Berlin, der die Stabilität von Wirbeln in Raum und Zeit in reibungslosen Flüssigkeiten erkennt. Helmholtz's Fundamentalsatz der Kinematik (1858) betrifft die allgemeine Ortsveränderung eines deformierbaren Körpers hinreichend kleinen Volumens als Summe einer Translation, einer Rotation je einer Deformation nach drei zueinander

---

[1] Leonhard Euler (lateinisch Leonhardus Eulerus; * 15. April 1707 in Basel; † 7. September in Sankt Petersburg) war ein Schweizer Mathematiker, Physiker, Astronom, Geograph, Logiker und Ingenieur. https://de.wikipedia.org/wiki/Leonhard_Euler

[2] Joseph-Louis de Lagrange (* 25. Januar 1736 in Turin als Giuseppe Lodovico Lagrangia; † 10. April 1813 in Paris) war ein italienischer Mathematiker und Astronom. https://de.wikipedia.org/wiki/Joseph-Louis_Lagrange

[3] Die Anfänge der Theorie gehen auf den italienischen Mathematiker und Astronomen Joseph-Louis Lagrange, den Engländer George Green und schließlich Carl Friedrich Gauß zurück. Die Feldtheorien haben sich aus der um 1800 entstandenen Potentialtheorie des Erdschwerefeldes entwickelt.

[4] Der Feldbegriff ist fundamental zur Beschreibung physikalischer Phänomene. Man unterscheidet 1. Skalares Feld S, (z.B. die Temperatur, die Dichte, das elektrische Potential usw.), 2. Vektorielles Feld V, gegeben durch 3 skalare Felder (z.B. die Kraft, die Geschwindigkeit, die elektrische Feldstärke usw.) 3. Tensorielles Feld T, gegeben durch 3 vektorielle Felder (z.B. die mechanische Flächenspannung usw.)

[5] William Thomson, 1. Baron Kelvin oder kurz Lord Kelvin, OM, GCVO, PC, FRS, FRSE, (* 26. Juni 1824 in Belfast, Provinz Ulster, Vereinigtes Königreich Großbritannien und Irland; † 17. Dezember 1907 in Netherhall bei Largs, Schottland) war ein britischer Physiker auf den Gebieten der Elektrizitätslehre und der Thermodynamik. Die Einheit Kelvin wurde nach William Thomson benannt, der im Alter von 24 Jahren die thermodynamische Temperaturskala einführte. Thomson ist sowohl für theoretische Arbeiten als auch für die Entwicklung von Messinstrumenten bekannt. https://de.wikipedia.org/wiki/William_Thomson,_1._Baron_Kelvin

senkrechten Richtungen und ist unmittelbar auf das Bewegungsgeschehen von Wirbeln anwendbar. Interessanterweise behandelt die Helmholtz'schen Wirbeltheorie fadenförmige Strukturen. Die drei Wirbelsätze wurden von Hermann von Helmholtz um 1859 formuliert:

Erster Helmholtz'scher Wirbelsatz:
In Abwesenheit von wirbelanfachenden äußeren Kräften bleiben wirbelfreie Strömungsgebiete wirbelfrei.

Zweiter Helmholtz'scher Wirbelsatz:
Fluidelemente, die auf einer Wirbellinie liegen, verbleiben auf dieser Wirbellinie. Wirbellinien sind daher materielle Linien.

Dritter Helmholtz'scher Wirbelsatz:
Die Zirkulation entlang einer Wirbelröhre ist konstant. Eine Wirbellinie kann deshalb im Fluid nicht enden. Wirbellinien sind geschlossen, buchstäblich unendlich oder laufen auf den Rand.

Der erste Wirbelsatz bedeutet, dass sowohl die Zirkulation längs der Randkurve einer Fläche, die ganz auf dem Mantel einer Wirbelröhre liegt verschwindet, als auch, dass die Zirkulation verschiedener Querschnitte einer Wirbelröhre gleich ist. Der zweite Wirbelsatz besagt, dass Wirbelröhren zugleich Stromröhren sind, Wirbel an Materie (Fluid) anhaften und drittens, Teilchen, die einmal eine Wirbellinie gebildet haben, dies auch weiterhin tun (Kohärenz). Der dritte Wirbelsatz fordert örtliche und zeitliche Konstanz der Zirkulation in einer (und um eine) Wirbelröhre. Die Helmholtz'schen Wirbelsätze sind eine Grundlage der Physik der hier behandelten Lagrange Kohärenten „Fluids within Fluid-Tubes". Ebenfalls interessant ist, dass die klassischen Wirbelmodelle Potentialwirbel, Festkörperwirbel, Rankine-Wirbel und Hamel-Oseen'scher-Wirbel[6] erst später formuliert wurden. Diese (Wirbelmodelle) und die die Helmholtz'schen Wirbeltheorie tradieren die herrschende Lehrmeinung und sollen hier kurz benannt werden, weil diese Wirbelmodelle zum Verständnis des inneren Milieus von Wirbelfäden allgemein beitragen.

Der Potentialwirbel (der freie Wirbel) ist das Paradebeispiel einer rotorfreien Potential-strömung. Die Fluidelemente des Potentialwirbels „wirbeln eben gerade nicht" um ein Zentrum herum, sondern machen eine (richtungsgleiche ALOA-) Bewegung. Große Wirbel in Fluiden mit niedriger Viskosität werden mit diesem Modell gut beschrieben (z.B. ein Tornado) Beim Potentialwirbel ist die Winkelgeschwindigkeit seinem Zentrum am größten (der Druck ist ein Minimum).

Festkörperwirbel. In einem ebenen Festkörperwirbel bewegen sich alle Fluidelemente mit gleicher (Winkel-) Geschwindigkeit $vc=2\omega$ auf konzentrischen Bahnen um ein gemeinsames

---

[6] Oseen studierte ab 1896 an der Universität Lund, wo er 1900 das Lizenziat ablegte. Er studierte außerdem in Göttingen. 1902 wurde er Dozent für Mathematik und schließlich zwischen 1904 und 1906, sowie 1907 und 1910 stellvertretender Professor für Mathematik. Von 1909 bis 1933 war Oseen Professor für Mechanik und Mathematische Physik an der Universität Uppsala. 1921 wurde er Mitglied der Königlich Schwedischen Akademie der Wissenschaften sowie 1933 Vorstand dessen Nobelinstitutes, das vorher unter Svante Arrhenius seinen Schwerpunkt in physikalischer Chemie hatte und sich mit Oseen auf theoretische Physik ausrichtete. 1924 wurde er korrespondierendes Mitglied der Bayerischen Akademie der Wissenschaften.

Zentrum. Der Bierdeckel ist eine gute Metapher oder räumlich, die Gebetsmühle. Die Geschwindigkeit der Masseteilchen ist außen (r=R) am größten und im Kern (r=0) am geringsten, woraus folgt, dass der Druck außen am geringsten ist, im Innern aber groß.

Die Idee des Rankine-Wirbels[7] als synthetisches Konstrukt, ist ein Kombinationsmodell aus Potential- und Festkörperwirbel. Der Rankine-Wirbel ist, anders als seine beiden Bestandteile, eine nahe Lösung der Navier-Stokes-Gleichung. Rankine-Wirbel verbinden das Modell des Potentialwirbels im Außenbereich (R<r<r1) und im Zentrum (r1<r<0) mit dem Festkörperwirbelmodell.

Der Hamel-Oseen'sche-Wirbel[8] ist ein Wirbelmodell, das die Navier-Stokes-Gleichungen[9] exakt erfüllt. Das Fluid strömt rein kreisförmig, jedoch zeitabhängig um das Wirbelzentrum; ein instationärer Vorgang also. Das Geschwindigkeitsprofil entspricht im Wirbelkern und im Außenbereich einem Rankine-Wirbel. Mit der Zeit aber zehrt die Viskosität die kinetische Energie des Wirbels auf und die Strömungsgeschwindigkeit nimmt ab. Verschwindet aus dem Modell des Hamel-Oseen'schen-Wirbels die Viskosität, ist der Wirbel ein Potentialwirbel.

Wirbel-Filamente. Sind die modernen Wirbelmodelle Potential-, Festkörper-, Rankine- und Hamel-Oseen-Wirbel eine Konsequenz der fundamentalen Helmholtz'schen Wirbelsätze, so sind sie aber dennoch kein Modell dieser selbst. Der im englischen Sprachraum etablierte Begriff der „Wirbelfilamente" (Vortex filaments[10]) dagegen knüpft unmittelbar an die Wirbeltheorie Helmholtzs an:

In fluid mechanics, Helmholtz's theorems, describe the three-dimensional motion of fluid in the vicinity of vortex filaments. These theorems apply to inviscid flows and flows where the influence of viscous forces are small and can be ignored. Helmholtz's three theorems are as follows:

- o *Helmholtz's first theorem: The strength of a vortex filament is constant along its length.*
- o *Helmholtz's second theorem: A vortex filament cannot end in a fluid; it must extend to the boundaries of the fluid or form a closed path.*
- o *Helmholtz's third theorem: In the absence of rotational external forces, a fluid that is initially irrotational remains irrotational.*

---

[7] Der Rankine-Wirbel ist viel universeller. Sein Namensgeber, William John Macquorn Rankine (*1820 in Edinburgh; †1872 in Glasgow) war ein schottischer Physiker und Ingenieur.
https://de.wikipedia.org/wiki/William_John_Macquorn_Rankine

[8] Der Hamel-Oseen'sche-Wirbel (von Carl Wilhelm Oseen, Georg Hamel) ist ein Wirbelmodell, das die Navier-Stokes-Gleichungen exakt erfüllt.

[9] Die Navier-Stokes-Gleichungen [nav'je: stə⍵ks] (nach Claude Louis Marie Henri Navier und George Gabriel Stokes) sind ein mathematisches Modell der Strömung von linear-viskosen newtonschen Flüssigkeiten und Gasen (Fluiden). Die Gleichungen sind eine Erweiterung der Euler-Gleichungen der Strömungsmechanik um Viskosität beschreibende Terme. Im engeren Sinne, ist mit Navier-Stokes-Gleichungen die Impulsgleichung für Strömungen gemeint. https://de.wikipedia.org/wiki/Navier-Stokes-Gleichungen

[10] A line along which an infinite vorticity in a fluid motion is concentrated, the surrounding fluid being free of vorticity, https://glossary.ametsoc.org/wiki/Vortex_filament

Helmholtz's theorems apply to inviscid flows. In observations of vortices in real fluids the strength of the vortices always decays gradually due to the dissipative effect of viscous forces[11].

Vortex filaments bedienen die Helmholtz'sche Wirbeltheorie und postulieren eine klare Position gegen mögliche Modellerweiterungen: die Homogenität ihres inneren Milieus ist nicht verhandelbar. Die Theorie der Helmholt'schen Wirbelfäden beharrt auf der zeitlichen Konsistenz der eines Wirbelfadens impliziten Zirkulation Γ=const. (mit dΓ/dt=0) und eben auch der Feldkonsistenz dΓ/ds=0. Wenn wir bereit sind anzuerkennen, dass die allgemeine Feldtheorie Helmholtz Wirbel (ebenfalls im Allgemeinen) beschreibt und nicht nur fluidische Wirbel, ist die Forderung nach Konstanz des inneren Milieus dieser Systeme nachvollziehbar. Aber nur dann. Die Methode der Vortex filaments ist nicht nur unmittelbar anwendbar auf Fragestellungen der Elektrodynamik, sondern sie entstammt ihr[12].

Unter Vortex-Filamenten ist demnach eine eindimensionale Linie zu verstehen, entlang der sich eine unendliche Wirbelbewegung in einer Flüssigkeitsbewegung konzentriert, wobei das umgebende Fluid, also das Feld selbst, frei von Wirbeln ist. In einem (autobarotropen) reibungsfreien Fluid besteht diese Wirbellinie aus den immer gleichen (ja, denselben) Fluidpartikeln; der Wirbelfaden ist somit eine Wirbellinie und der Grenzfall eines Wirbelrohres, da die Querschnittsfläche des Rohres auf Null schrumpft. Aus dem englischen Sprachgebrauch sei auch die Versinnbildlichung einer Röhre, „Tube" übernommen und wird fortan als „Fluid within Fluid Tubes (FwF)" referiert.

Vortex Lines, vortex tubes, vortex filaments und eben auch FwF-Tubes sind synthetische, abstrakte Gebilde, die auf eine recht einfache Weise mit einem Ansatz des Biot-Savart'schen Gesetzes[13] modelliert und berechnet werden können (wie beschrieben in Felgenhauer 2022). Der Biot-Savart'sche Ansatz ist die (sehr) spezielle Formulierung einer (sehr) allgemeinen Feldtheorie. Maxwell[14] hat die entsprechenden Vorgänge in der Elektrodynamik als erster zusammengefasst (1855). Die größte Schwäche der Maxwell'schen Gleichungen ist, dass sie nicht invariant sind gegenüber so genannten Galilei-Transformationen. Das bedeutet, die elektromagnetischen Gesetze sind auf einem bewegten Körper (z.B. Mond) anders anzuwenden als auf einem vergleichsweise ruhenden Körper (z.B. Erde). Was dies vor dem Hintergrund einer Äquivalenz des Ansatzes von Biot und Savart auf abstrakte Wirbelfilamente in einer bewegten fluidischen Matrix bedeuten mag, wird an dieser Stelle nicht diskutiert.

Im Zusammenhang mit der Feldtheorie und (synthetischen) Vortex-Filamenten ist der Begriff der verallgemeinernde Begriff der Erhaltungsgröße von Bedeutung. Im Jahre 1912 bewies

---

[11] Die Wirbelsätze von Helmholtz gelten für reibungsfreie Strömungen. Bei Beobachtungen von Wirbeln in realen Flüssigkeiten nimmt die Stärke der Wirbel aufgrund dissipativer Wirkung viskoser Kräfte allmählich ab.

[12] Felgenhauer, Mi. (2022). Zur Fluids within Fluid Phänomenologie. Thoughts on a FwF Phenomenology. GRIN Verlag GmbH München, ISBN(e-Book): 9783346595799 ISBN (Buch): 9783346595805, VNR: v1172544

[13] Das Biot-Savart-Gesetz beschreibt das Magnetfeld bewegter Ladungen. Es stellt einen Zusammenhang zwischen der magnetischen Feldstärke H und der elektrischen Stromdichte her und erlaubt die Berechnung räumlicher magnetischer Feldstärkenverteilungen anhand der Kenntnis der räumlichen Stromverteilungen.

[14] James Clerk Maxwell (* 13. Juni 1831 in Edinburgh; † 5. November 1879 in Cambridge) war ein schottischer Physiker. Er entwickelte einen Satz von Gleichungen (die Maxwell-Gleichungen), welche die Grundlagen der Elektrodynamik sind; insbesondere sagte er 1864 die Existenz von elektromagnetischen Wellen voraus, die Heinrich Hertz als erster 1886 erzeugte und nachwies. Seine nach ihm benannte Feldtheorie ist eine der wichtigsten Leistungen der Physik und Mathematik des 19. Jahrhunderts.
https://de.wikipedia.org/wiki/James_Clerk_Maxwell

Emmy Noether[15], dass man jeden Erhaltungssatz auch als eine prinzipielle Symmetrie der Welt, also eine Invarianz der Naturgesetze gegenüber gewissen Transformationen auffassen kann. Die Energieerhaltung ist invariant gegenüber Zeit-Translationen und damit der Symmetrie, dass Naturgesetze zu jeder Zeit gleich sind (Homogenität der Zeit). Die Impuls-Erhaltung ist invariant gegenüber Raum-Translationen und damit der Symmetrie, dass Naturgesetze an jedem Punkt des Raumes gleich sind (Homogenität des Raumes). Die Drehimpuls-Erhaltung ist invariant gegenüber Raum-Drehungen und damit der Symmetrie, dass Naturgesetze in jeder Richtung des Raumes gleich sind (Isotropie des Raumes).

In der nachfolgenden Diskussion wird in erster Linie die Impulserhaltung von Interesse sein, wenn von Lagrange Kohärenten und damit pfadabhängigen Wechselwirkungspartnern die Rede ist. Sofern ein Modell um das physikalische Geschehen eines „Fluid within Fluid Tube" ein homogenes (Wechselwirkungs-) Feld fordert, sollte das tradierte Modell der Vortex-Filamente und damit Modellbildungen nach der Helmholtz'schen Wirbeltheorie erweiterbar sein um genau jene Vorstellungen, die eine Variabilität des inneren Milieus dieser Wirbelfäden angeben, bei Invarianz der Naturgesetze gegenüber dieser Transformation. Untersuchen wir aber zunächst die Pfadabhängigkeit.

Rezente Aspekte. Lagrange Kohärente Strukturen

Fluid within Fluid Tubes (FwF) sind zusammenhängende Systeme und sie besitzen eine Pfadabhängigkeit ihrer physikalischen Wechselwirkungs-Eigenschaften; sie sind Wirbelfäden im Sinne Helmholtz und gleichsam Lagrange Kohärente Strukturen!

Eine Theorie Lagrange Kohärenter Strukturen (LCS) wurde in den frühen 2000er Jahren am Lefschetz Center for Dynamical Systems der Brown University, später an der ETH Zürich, dort am Department of Mechanical and Process Engineering, entwickelt. Das Akronym LCS (Lagrange Coherent Structures) stammt von Haller & Yuan (2000). Haller suchte nach einem Ansatz, die abstoßenden und anziehenden Fluidbewegungen in Scherschichten zu beschreiben. Beschleunigte Scherschichten sind im Labor nur in speziellen mehrgebläsigen Windkanälen sicher generierbar. In Zürich wusste man aus der weitestgehend experimentellen Vergangenheit und hatte beobachtet, dass innerhalb fluidischer Regime Systemgrenzen im Sinne von „Materialoberflächen" existieren, die zusammenhängende Strukturen von der restlichen Strömung separieren. Diese extraordinären Systeme entwickeln eine komplexe körper- und richtungsbezogene Dynamik innerhalb einer Strömung. Als man in Zürich mit der Forschung ansetzte, konnten die Wissenschaftler nicht auf tragfähige theoretische Modelle zur quantitativen Beschreibung dieser sonderbaren physikalischen Geschehnisse zugreifen. Rasch wurde klar, dass es zukünftig großvolumiger, numerischer Modelle und komplexer Simulationen bedarf, die seltsamen Systemoberflächen der nunmehr Lagrange Coherent Structures (LCS) genannten Systeme, in Strömungsszenarien aus experimentellen und numerischen Daten zu isolieren und sie notfalls mit einer vereinfachenden Herangehensweise beschreibbar zu machen. Um sie zu verstehen.

---

[15] Amalie Emmy Noether (* 23. März 1882 in Erlangen; † 14. April 1935 in Bryn Mawr, Pennsylvania) war eine deutsche Mathematikerin, die grundlegende Beiträge zur abstrakten Algebra und zur theoretischen Physik lieferte. Insbesondere revolutionierte Noether die Theorie der Ringe, Körper und Algebren. Das von ihr formulierte Noether-Theorem verbindet Symmetrien von physikalischen Naturgesetzen mit der Existenz von zugehörigen Erhaltungsgrößen. https://de.wikipedia.org/wiki/Emmy_Noether

Hallers Forschung ging der Frage nach, ob es gelingen könnte, Mischung, Entmischung und Massetransport in und um Lagrange Kohärenter Systeme in komplexen fluidischen Systemen vorherzusagen oder sogar zu beeinflussen. Es wurden im Zuge der Theoriebildung nicht-lineare dynamische (System-) Methoden entwickelt, um komplexe Probleme in der angewandten Wissenschaft und der Technik zu lösen, etwa die Analyse von Transport-prozessen und Kohärenz in einem Ozean oder in der Atmosphäre, die Echtzeiterfassung von Luftturbulenzen in der Nähe von Flughäfen, die Theorie und Kontrolle der instationären, aerodynamischen Trennung, die Dynamik von Trägheitsteilchen unter Gedächtniseffekten und die Theorie des dynamischen Übergangszustands bei chemischen Reaktionen.

Lagrange Kohärenter Systeme bilden dynamische Oberflächen aus, die deutlich identifizier-bare Muster generieren, die (sich) aus einem umgebenden Fluid separieren. Lagrange Kohärente Systeme werden klassifiziert als hyperbolisch (lokal maximal anziehende oder abstoßende Oberflächen), elliptisch (Materialwirbelgrenzen) und parabolisch (Material-strahlkerne). Die Züricher Gruppe entwickelte auf die besonderen Kontureigenschaften Lagrange Kohärenter Systeme zielende Verarbeitungs-Methoden für Messdaten aus der realen Welt und der ortsfesten Betrachtungsweise des Eulerschen Kohärenzbegriffs, der Merkmale im momentanen Geschwindigkeitsfeld des Fluids berücksichtigt. In Zürich wurden mathematische Techniken entwickelt, um LCS in zwei- und dreidimensionalen Datensätzen zu identifizieren. Es sind in erster Linie bildverarbeitende Verfahren. Dieserart gelingt das Auffinden zusammenhängender Lagrange Kohärenter Strukturen mit so genannten „Finite-Time-Lyapunov-Exponenten (FTLE)". Grundlegende Arbeiten über FTLE-Konturen stammen von Haller (2001). Als nächstes wurden FTLE-Methoden auf die LCS-Extraktion angewendet. Der Ljapunow-Exponent[16] beschreibt dabei die Geschwindigkeit, mit der sich zwei benach-barte Punkte im Strömungsraum voneinander entfernen oder annähern. Ein Feld aus FTLE enthält also Merkmale von Kohärenz (von Strukturen und Oberflächen) in dynamischen Szenerien.

Das Prinzip funktioniert auch in der artifiziellen Welt der CFD-Simulationen. Eine Forscher-gruppe um Sun und Colagrossi formuliert (2016) die FTLE-Methode im Kontext einer Smoothed Particle Hydrodynamics-Simulation (siehe auch: Sun, Colagrossi, Marrone, Zhang (2016), Detection of Lagrangian Coherent Structures in the SPH framework)[17]. Das ist besonders delikat, weil die gitterlosen Smoothed Particle Hydrodynamics Methoden (SPH) „selbst Lagrange sind", wie es so schön heißt.

Lagrange kohärenten Wirbelfäden wird auch eine entscheidende Rolle bei der Produktion von thermodynamischen (chemischen) Reaktionen zugeschrieben. Die Entmischungsvorgänge in gesättigter feuchte Luft, sichtbar bei den so genannten Kondesstreifen[18] von stoffemit-

---

[16] Ljapunow-Exponent eines dynamischen Systems (nach Alexander Michailowitsch Ljapunow). Pro Dimension des Phasenraums gibt es einen Ljapunow-Exponenten, die zusammen das sogenannte Ljapunow-Spektrum bilden. https://de.wikipedia.org/wiki/Ljapunow-Exponent

[17] Sun,P.N., Colagrossi, A. Marrone, S. , Zhang, A.M, (2016) Detection of Lagrangian Coherent Structures in the SPH framework, College of Shipbuilding Engineering, Harbin Engineering University, Harbin 150001, China; CNR-INSEAN, Marine Technology Research Institute, Rome, Italy; Ecole Centrale Nantes, LHEEA Lab. (UMR CNRS), Nantes, France.

[18] Kondensstreifen oder Homomutatus sind lange und dünne künstliche Wolken, die insbesondere im Gefolge von Luftfahrzeugen aus von den Antrieben ausgestoßenem Wasserdampf und sonstigen kondensierbaren Abgasbestandteilen durch Kondensation, Resublimation infolge Abkühlung oder Unterdruck entstehen können. Diese Eiswolken sind insbesondere typisch und dauerhaft für Flughöhen oberhalb von etwa 8 km, wenn dampf- und rußhaltige Triebwerksabgase auf relativ kalte Luft treffen. Sie können in ansonsten wolkenfreien Gebieten

tierenden Flugzeugantrieben in der Reiseflughöhe von Langstreckenjets (10 und 15 Kilometern); hier beträgt die Außentemperatur minus 40 bis minus 50 C°; ideal für Kondensations- und Sublimationsgeschehen.

Spektakulär sind die Wirbelspuren der Unterwassertragflügel (Foils) von modernen Regattayachten. Im nahezu stehenden Gewässer des Hauraki Golf (Auckland, Neuseeland) hatte das Team um Peter Burling vor gut einem Jahr (17.03.2021) den 36. America's Cup gewonnen. Interessierten Laien aber auch wachsamen Physikern und staunenden Konstrukteuren lieferten die Drohnenaufnahmen beim 36. Americas Cup eine Lehrstunde der LCS-Observation[19]. Die Tragflügelsysteme der Regattayachten produzierten gut beobachtbare Wirbelfäden von hoher energetischer Relevanz. Immerhin verbergen sich im sogenannten „induzierten Widerstand" einer auftriebserzeugenden Tragfläche bis zu 80% des Gesamtwiderstands dieser. Dazu muss man wissen, dass ein einziges Foil einer solchen Yacht einen Auftrieb von wenigsten 60.000 N generiert. Das für den Beobachter sichtbare Lagrange Kohärente System speichert also eine nicht unerhebliche Energie. Im Falle der AC 36-Yacht spielten derartige Überlegungen aber keine bedeutsame Rolle. Am Ende gewann das Emirates Team New Zealand.

Die Erforschung Lagrange Kohärenter Systeme bleibt vital. Gleichsam scheint die Dynamik in der Theorieentwicklung zu stagnieren. Vielleicht ist sie ja abgeschlossen? Neuigkeiten hingegen erreichen uns aus einem befreundeten Wissensgebiet: der VR-Wissenschaften[20] [21]. In den artifiziellen Szenarien der virtuellen Realität (VR, CAVE) interessiert man sich sehr für die Dynamik Lagrange Kohärenter Systeme und für Wirbelfilamente als Modell und deren potentialtheoretische Herkunft als sehr schnelle Berechnungsmethode[22].

Fassen wir den Stand der Wissenschaft und Technik, wie wir ihn heute ermitteln zusammen und vollführen wir Aspekte Lagrange Kohärenter Systeme:

- o Das Wesen Lagrange Kohärenter Systeme ist, dass zusammenhängende Strukturen von der restlichen Strömung separiert sind.
- o Lagrange Kohärenter Systeme bilden dynamische Oberflächen aus, die deutlich identifizierbare Muster bilden.
- o Lagrange Kohärente Systeme (LCS) beschreiben abstoßende und anziehende Fluidbewegungen in Scherschichten.

---

entstehen und auch länger fortbestehen, wenn für eine natürliche Wolkenbildung Kondensationskeime fehlen
https://de.wikipedia.org/wiki/Kondensstreifen

[19] Der America's Cup ist die älteste noch heute ausgetragene Segelregatta. Der Preis ist ein Wanderpokal und hat seinen Ursprung in einer Regatta rund um die britische Insel Isle of Wight im Jahre 1851. Er ist benannt nach seiner erstmaligen Gewinnerin, der Yacht America des New York Yacht Club (NYYC). Eine Stiftungsurkunde sieht vor, dass Verteidiger und Herausforderer innerhalb gewisser Grenzen Vereinbarungen über die Regeln treffen können, z. B. was die Anzahl der Wettfahrten betrifft.
https://de.wikipedia.org/wiki/America%E2%80%99s_Cup

[20] Als virtuelle Realität, kurz VR, wird die Darstellung und gleichzeitige Wahrnehmung einer scheinbaren Wirklichkeit und ihrer physikalischen Eigenschaften in einer in Echtzeit computergenerierten, interaktiven virtuellen Umgebung bezeichnet. https://de.wikipedia.org/wiki/Virtuelle_Realit%C3%A4t

[21] Peter Schröder and colleagues use complex equations, differential geometry, and computer modeling to create elegant simulations of a fascinating natural phenomenon: bubble rings. California Institute of Technology (Caltech); The Institute's main address is 1200 E. California Blvd., Pasadena, CA 91125.
https://www.youtube.com/watch?v=lJfggmbignQ

[22] http://bugman123.com/FluidMotion/ On this page you will find some tessellations, surfaces, and other math stuff along with some basic Mathematica code.

o innerhalb fluidischer Regime existieren demnach Systemgrenzen im Sinne von „Materialoberflächen".
o LCS können chemische Reaktionen unterstützen oder auslösen.
o LCS können thermodynamisch relevante Wechselwirkungen erzeugen (Sublimation).
o Hüllkonturen der LCS besitzen Geschwindigkeitsgradienten. Bestenfassl sind sie Hüllflächen und detektierbar (mit FTLE).

Lange bevor sich in den frühen 2000er Jahren eine Theorie Lagrange Kohärenter Strukturen etablierte, war vielerorts in der Natur, in der Welt der Technik und im sortenreinen Laborexperiment beobachtet worden, dass zusammenhängende Wirbelstrukturen eine enorme Gestaltstabilität besitzen. Für die es keine schlüssige Erklärung gab. Auch heute bleiben viele Beobachtungen fabelhaft. Aquatische Lebewesen, Meeressäuger etwa, jagen in trüben Gewässern und entlang einer Wirbelspur (Vortex core line)[23], einem Muster mit hoher kohärenter Vorticity ihre Beute; lange nachdem das Wesen das Revier kreuzte. Es sind offenbar die Bartenhaare (Vibrissen) und Hinterlassenschaft aus einer voraquatiatischen Zeit, die eine „Melody-Road" zu detektieren in der Lage sind[24].

Die Wirbelspur hinter einer Boje ist noch kilometerweit flussabwärts beobachtbar, sie setzt sich fort in einem periodischen Muster von hohem ästhetischen Wert: einer Karmanschen Wirbelstrasse[25].

Bei größerer Übersättigung der Umgebungsluft bleiben (wie oben erwähnt) in der Atmosphäre Kondensstreifen lange Zeit bestehen. Die Lebensdauer kann mehrere Stunden betragen (beobachtet wurden Kondensstreifen über 17 Stunden auf einem Satellitenbild). Auf unseren heimischen Flugkorridoren sind Kondensstreifen zwischen 5 und 15 Minuten sichtbar. Viel bedeutsamer in diesem Zusammenhang ist, dass die durch den Wirbelfaden bereitgestellte Enthalpie ausreicht, in relevanten Volumina übersättigter feuchter Luft, eine Taupunktunterschreitung sicher zu gewähren. In feuchter Luft kann ein starker Druckabfall rasch zu sichtbarer Kondensation führen. Über den Tragflächen von Flugzeugen und hinter der Stoßfront, die von Überschallflugzeugen ausgeht (Wolkenscheibeneffekt), löst sich der Nebel sofort wieder auf. Im Kern von Randwirbeln besteht der Unterdruck jedoch länger, sodass dort längere Kondensstreifen entstehen können[26]. Diese Produktion ist erheblich und geht in der Energiebilanz negativ ein. Obwohl das physikalische Modell relativ einfach ist, gehen rezente Untersuchungen wenig über qualitative Aspekte hinaus.

---

[23] Detection methods. Several methods exist to detect vortex core lines in a flow field. Jiang, Machiraju & Thompson (2004) studied and compared nine methods for vortex detection, including five methods for the identification of vortex core lines. Although this list is incomplete, they considered it representative for the state of the art (as of 2004).

[24] Eine musikalische Straße (englisch: musical road) – bisweilen auch als singende Straße bezeichnet – ist eine Straße, die beim Befahren eine Vibration erzeugt, die wiederum über die Räder als hörbare Tonfolge ins Fahrzeuginnere übertragen wird. Auf diese Weise kann eine musikalische Straße Lieder „spielen". Während manche musikalische Straße zum Vergnügen angelegt wurde, sollten andere die Aufmerksamkeit der Verkehrsteilnehmer unterstützen, um Unfälle zu vermeiden. https://www.youtube.com/watch?v=UcfZzvnjya4

[25] Als Kármánsche Wirbelstraße bezeichnet man ein Phänomen in der Strömungsmechanik, bei dem sich hinter einem umströmten Körper gegenläufige Wirbel ausbilden. Die Wirbelstraßen wurden von Theodore von Kármán erstmals 1911 nachgewiesen und berechnet.

[26] Kondensstreifen (Homomutatus) sind lange und dünne künstliche Wolken, die insbesondere im Gefolge von Luftfahrzeugen aus von den Antrieben ausgestoßenem Wasserdampf und sonstigen kondensierbaren Abgasbestandteilen durch Kondensation, Resublimation infolge Abkühlung oder Unterdruck entstehen können. https://de.wikipedia.org/wiki/Kondensstreifen

Das Wirbelbild eines Supertankers auf dem Ozean soll noch Tage danach identifizierbar sein. Sagen Satellitenbilder, die ganz nebenbei noch den bislang für konstant gehaltebnen Kelvin-Winkel in Frage stellen.

Woher nur stammt diese Stabilität Lagrange Kohärenter Strukturen und woraus speist sich die Gestalthaltigkeit in einer (feindlichen) fluidischen Matrix? Weshalb „dominieren" homomorphe Lagrange Kohärente Strukturen? Wir wissen es nicht (so genau). Offenbar entkoppelt die Zirkulation im Innern des Lagrange Kohärenter Systems, der Wärme- und Massentransport (Milieu) als auch der Stress an der dynamischen Oberfläche (die Scherspannung, die Scherproduktion), eben gerade KEIN exorbitantes Maß kinetischer Energie. Dies ist seltsam und sollte auch in der nicht-naturwissenschaftlichen Welt (der Ingenieure) von Interesse sein. Und dort eine wichtige Forschungsfrage. Hier, auf dem Gebiet der impliziten energetischen Eigenschaften Lagrange Kohärenter Systeme fehlen weiterhin Erkenntnisse elementarer Art.[27]
[28] Was wir heute aus unterschiedlichsten Quellen erfahren und sodann zu wissen glauben, ist auch einigermaßen diffus aber sehr interessant. Tragen wir weitere Information über die Eigenschaften Lagrange Kohärenter Strukturen zusammen:

- o Kohärente Strukturen können sich nicht überlagern. Jede kohärente Struktur hat ihre eigene unabhängige Domäne und Grenze.
- o Da Wirbel als räumliche Überlagerungen nebeneinander existieren, muss eine kohärente Struktur kein Wirbel sein.
- o Zerreißen kohärenten LCS-Strukturen, führt das zu einer neuen Struktur.
- o Zwei kohärente LCS- Strukturen können interagieren und sich beeinflussen.
- o Die Masse einer LCS-Struktur ändert sich mit der Zeit,
- o LCS-Strukturen können durch Diffusion (von Wirbeln) an Volumen zunehmen.
- o LCS-Konturen sind invariant gegenüber galiläischen Transformationen[29].
- o Konturen kohärenter Verwirbelung sind eine Kennung für die Grenzen von Struktur.
- o Kohärente Strukturen können durch Instabilität, etwa der Kelvin-Helmholtz-Instabilität, entstehen.
- o kohärente Strukturen können aus Instabilitäten in laminaren oder turbulenten Zuständen entstehen (beschleunigte Grenzschicht).
- o Es ist möglich, dass LCS-Strukturen nicht explizit zerfallen, sondern deformieren.
- o Es ist möglich, dass LCS-Strukturen sich in Unterstrukturen aufspalten oder mit anderen kohärenten Strukturen interagieren.

Die Aspekte über Wirbelfäden im Sinne der Wirbeltheorie Helmholtzs und ihre zunächst qualitativen Aussagen, sowie die hieraus herleitbaren quantitativen Modelle von Wirbelfilamenten, finden eine performante Ergänzung durch die Theorie über Lagrange Kohärente Strukturen im Sinne Hallers. Die Aspekte über Wirbelfäden, Wirbelfilamente und über Lagrange Kohärente Strukturen bilden eine Art Stand der Wissenschaft und Technik aus.

---

[27] https://de.wikibrief.org/wiki/Coherent_turbulent_structure
[28] Wir befinden uns inmitten einer schlecht beschriebenen Pandemie (Berlin) und inmitten eines ungeheuerlichen Krieges unbekannten Ausgangs und im Frühling des Jahres 2022. Man wagt es kaum sich an den Kirschblüten gegenüber zu erfreuen.
[29] In der Physik wird eine galiläische Transformation verwendet, um zwischen den Koordinaten zweier Referenzrahmen zu transformieren , die sich nur durch konstante Relativbewegung innerhalb der Konstrukte der Newtonschen Physik unterscheiden. Diese Transformationen bilden zusammen mit räumlichen Rotationen und Translationen in Raum und Zeit die inhomogene galiläische Gruppe.
https://de.wikibrief.org/wiki/Galilean_transformation

Prospekte. Fluid within Fluid Tubes

Es existiert heute keine Theorie der Fluid within Fluid-Tubes (FwF). Eine praktikable Phänomenologie der Fluid within Fluid-Tubes fußt einerseits auf der Wirbelphysik von Helmholtz und sie respektiert auf der anderen Hand die Definition Lagrange Kohärenter Systeme Hallers. Die Phänomenologie der Fluid within Fluid-Tubes hadert mit beiden etablierten Theorien und mit der rezenten Lehrmeinung. Die von Bedeutung ist.

Die Phänomenologie der Fluid within Fluid-Tubes besitzt einen experimentellen Unterbau und Kern (Rechenberg 1988)[30]. Und ist gleichzeitig eine noch nicht beendete Erzählung[31]. Eine Phänomenologie über Lagrange Kohärente, insbesondere fadenförmige Systeme von Fluiden innerhalb Fluiden benennt diese als pfad- und richtungsabhängige Gebilde (tubes), denen ein produktives inneres Milieu einbeschrieben ist. Das innere Milieu generiert auf energetisch vorteilhafte Weise eine umhüllende Kontur. Doch nicht nur dies. Fluids within Fluid sind in der Lage, das umgebende Strömungsfeld zu organisieren.

Der Theorie der Lagrange Kohärenten Systeme wird ein (quantifizierendes) Modelle beigefügt, das die Idee der Wirbelfilamente aufgreift, oder kurz: Modelle über Fluid within Fluid-Tubes koppeln Modelle Lagrange Kohärenter Systeme mit den Modellen der Wirbelfilamente. Außerdem taucht in Zusammenhang mit Fluids within Fluid der Begriff der „Impulsforderung" des Feldes auf; ein Aktivum.

Die Impulsforderung stammt aus dem Feld. Sie findet Beantwortung als idealisierte Wirklichkeit, als künstliche, artifizielle Wechselwirklichkeit von Fluid within Fluid-Tubes. Die Impulsforderung und das modellierte „Sosein" dieser synthetischen Wirklichkeit ist ein deklaratorisches Konstrukt. Zu erkennen ist gleichsam, dass ein FwF in der Lage zu sein scheint, das umgebende Feld zu organisieren. Fluid within Fluid-Tubes besitzen Impulswirksamkeit auf den umgebenden Raum, indem sie Geschwindigkeiten in das Feld induzieren. Die in das Feld induzierten Geschwindigkeiten lassen gleichsam Schlüsse auf die Impulsmächtigkeit der Induktionen zu. Der quantifizierbare Unterschied zwischen etwa dem Energiegehalt und der Impulsmächtigkeit eines Systems ist die Richtungsabhängigkeit des Impulses und die scheinbare Richtungsfreiheit der Energie in den Systemgrenzen eines fluidischen Raumes.

Lagrange Kohärente Fluid within Fluid Tubes entstammen Erzeugendensystemen. Ein gut untersuchtes Erzeugendensystem für Wirbelfäden im Sinne Helmholtz, ist die endliche, Auftrieb erzeugende Tragfläche. Über dem Tragflügel bildet sich im Betrieb ein Unterdruckgebiet aus; unter der Tragfläche herrscht relativer Überdruck; an ihrem Ende (Randbogen kommt es im Betrieb zu einer Umströmung. Stromabwärts hinterlässt das fluidische Bewegungsgeschehen am Randbogen der Tragfläche einen Wirbelfaden. Die Intensität dieses Wirbelfadens ist experimentell ermittelbar und über die Tragflügeltheorie Prandtls[32] in erstaunlich guter Näherung auch theoretisch beschreibbar. Die Intensität ist die Wirbelstärke ω [s⁻¹], in der Berechnungspraxis die Zirkulation Γ [m²s⁻¹]. Die Zirkulation Γ ist das Umlauf-

---

[30] DE3330899A1 Patent: Anordnung zur vergroesserung der geschwindigkeit eines Gas- oder Fluessigkeitsstromes, 1988-03-10 Publication of DE3330899C2.

[31] Werner Nachtigall (2013) Bionik: Grundlagen und Beispiele für Ingenieure und Naturwissenschaftler. Springer-Verlag. ISBN 3642189962, 9783642189968

[32] Ludwig Prandtl (* 4. Februar 1875 in Freising; † 15. August 1953 in Göttingen) war ein deutscher Ingenieur. Er lieferte bedeutende Beiträge zum grundlegenden Verständnis der Strömungsmechanik und entwickelte die Grenzschichttheorie.

integral eines Vektorfeldes über einen geschlossenen Weg s. Bei Strömungen ist sie ein Maß für eine Wirbelstärke ω in einem (von dem vom Integrationsweg s) umschlossenen Gebiet. Vortizität (von lateinisch vortex="Wirbel, Strudel", englisch Vorticity), wird mit Wirbelhaftigkeit übersetzt.

Die Zirkulation ist exponentiell abhängig von dynamischen Betriebsparametern, etwa der Geschwindigkeit v_S am Tragflügel und dem Anstellwinkel α gegenüber der Anströmung (der scheinbaren Anströmgeschwindigkeit). In der Tragflügeltheorie Prandtls ist die Zirkulation beschreibbar über die Geometrie (etwa dem Schlankheitsgrad λ, einen dimensionslosen Parameter) der modellierten Tragfläche und dem Auftriebsgebaren dieser, respektive dem (dimensionslosen) Liftkoeffizienten c_L, was zu sehr eleganten Formen führt; das ist in der einschlägigen Literatur ausführlich beschrieben (Schade und Kunz) und ich werde dies an dieser Stelle nicht ausführen. Im Betrieb einer Tragfläche also sind die Geometrie in erster Näherung opak, die dynamischen Parameter aber Schwankungsgrößen. Das bedeutet, dass auch die Wirbelstärke im Innern eines Wirbelfadens im Nachlauf einer Tragfläche nicht konstant sein kann! Für ein ausgedehntes, zusammenhängendes Fluid within Fluid – System soll nun gelten (erstes Prospekt):

Lemma 1:   entlang eines FwF-Tubes ist die Wirbelhaftigkeit ω nicht konstant.

Sollten wir davon ausgehen, dass eine nicht konstante Beladung mit Wirbelhaftigkeit entlang der Fluid within Fluid Tube herrscht, kommen wir nichtumhin, die Frage nach der Entropie innerhalb der Tube zu stellen, etwa: kommt es zu energetischen Kopplungen von Fluidelementen entlang des Wirbelfadens? Wir wissen es nicht!

Wir sprachen oben über Beobachtungen der enormen Gestalthaltigkeit Lagrange Kohärenter Systeme. Der Energieaustausch mit dem sie umgebenden Fluid ist ausgesprochen gering: sie verhalten sich weitestgehend inert gegenüber ihrer Umgebung. Dies mag ein Hinweis sein dafür, dass die viskose Kopplung im Milieu der FwF-Tubes klein ist und die Entropieproduktion im Gesamtsystem nur geringdynamisch. Wie soll man diese „quasi-stationäre" Eigenschaft wohl nennen? „Inert oder entropieresilient"?

Transiente Transportvorgänge. Neben viskosen Kopplungen kommt in Fluiden und in der Technik und in der belebten Natur energetischer Transport vor, der entfernt einer viskosen Kopplung stattfindet und sehr effizient verläuft: Stoßwellen. Druckwellen in Tuben sind „Longitudinale Störungen" (die Information enthalten) entlang der Röhrenachse. Für Rohrleitungssysteme sind Druckwellenvorgänge durchaus gut untersuchte Phänomene, allerdings eher als Betriebsstörung, die es zu unterbinden gilt. Dabei ist der nichtstationäre fluidmechanische Impuls- und Informationstransport per se ein wissenschaftliches Sahnestückchen[33].

Was hat das nun mit der Simulation von Induktionsvorgängen in regulären Fluiden zu tun? Sofern wir annehmen können, dass Fluid within Fluid Tubes auch tatsächlich Tube-Eigenschaften besitzen einerseits, andererseits, dass eine nicht konstante Beladung mit Wirbelhaftigkeit entlang der Fluid within Fluid Tube herrschen darf, liegt der Gedanke und die

---

[33] Druckwellenprozesse entziehen sich gerne dem Kanon der Vorlesungen über Strömungsmechanik. So ist das geniale Konzept des „hydraulischen Widder" kaum jemandem (draußen in der bösen Welt) bekannt. Die famose Druckwellenmaschine COMPREX der Firma BBC war Managern nicht wirtschaftlich genug. Und seitdem keine frechen Burschen mehr auf frisierten Mopeds durch die Vorstädte knattern, ist auch das Konzept der Resonanzaufladung kein Thema mehr.

Existenz von zeitabhängigen (Druck-) Wellenprozessen in FwF-Tubes zu erwarten, nahe. (zweites Prospekt):

Lemma 2: entlang eines FwF-Tubes ist die Wirbelstärke transient: $\delta\omega/\delta t$.

Und tatsächlich findet sich eine Forschung (Pittard & Goldsmith[34], 2016), die das Wechselwirkungsgeschehen von Druckwellenvorgängen in Wirbelfilamenten untersucht. Dort werden Ergebnisse aus Simulationen und numerischen Arbeiten mit experimentellen Versuchen an starren Zylindern verglichen. Leider ist bei unserer Fragestellung die Ausgangslage ähnlich, aber nicht gleich. Also finden wir auch hier eine Schar sehr spannender Forschungsfragen. Angenommen, Lemma2 sei wahr, lassen sich aus der theoretischen Strömungsakustik, Grundeigenschaften (zeitabhängiger) Druckwellenprozesse in FwF-Tubes herleiten[35].

In technischen Rohrleitungen (Tubes) ist die Druckwelle eine longitudinale Störung, die sich mit der herrschenden Machzahl entlang der Achse der Röhre und im bewegten Fluid fortsetzt: sie rauscht mit Schallgeschwindigkeit durch das Rohr. Bernoulli und Blasius gelten in erster Näherung auch für kleine Störungen, so dass leicht zu ermitteln ist, welcher Zusammenhang zwischen einer Geschwindigkeitswelle dv/dt und einer Druckwelle dp/dt herrscht. Eine Geschwindigkeitswelle dv wird dort gerne auch eine „Schnelle" genannt. Die Gesetzmäßigkeiten der nichtstationären Rohrakustik lassen sich übrigens in offenen Gerinnen nachstellen. Das führt zu vortrefflichen Laborexperimenten, bei denen man den Druckwellen beim Wechselwirken zuschauen kann. Inwiefern Konzepte für (Geschwindigkeits-) Wellenausbreitung in Rohrleitungen auf FwF-Tubes angewandt werden können ist unerforscht. Aber betrachten wir diese Frage für einen Moment als beantwortet. Interessantes Wechselwirken ist dann die Reflektionen von Druckwellen. Ernst Jenny[36] zu Ehren müssen wir ein weiteres, ein voraussetzendes Lemma bemühen[37] (drittes Prospekt):

Lemma 3:   FwF-Tubes sind finit.
Lemma 3.1:   FwF-Tubes beginnen an ihren Erzeugendensystemen.
Lemma 3.2:   FwF-Tubes enden an einer Wand.
Lemma 3.3:   FwF-Tubes enden an einer Phasengrenze.
Lemma 3.4:   FwF-Tubes enden an eine einem anderen FwF-Tube.

In einer Analogie zur Strömungsakustik gibt es also eine (Stör-) Quelle, die das System instationär beaufschlagt und das innere Milieu in einem FwF-Tube bestimmt. Das innere Milieu kann in seiner Intensität ortsvariant sein und es kann zeitvariant sein über ein FwF-Tube, kurz: es ist transient. Seitens der Zirkulation als Milieu kennzeichnende Eigenschaft, existiere eine zur Geschwindigkeitsschnelle äquivalente Zirkulationsschnelle $d\Gamma/dt$ und eine

---

[34] J. M. Pittard, K. J. A. Goldsmith (2016) Numerical simulations of a shock-filament interaction.
Monthly Notices of the Royal Astronomical Society, Volume 458, Issue 2, 11 May 2016, Pages 1139–1163,
https://doi.org/10.1093/mnras/stw378
Siehe auch: https://academic.oup.com/mnras/article/
[35] Ernst Jenny: Berechnungen und Modellversuche über Druckwellen grosser Amplituden in Auspuffleitungen.
Dissertation, ETH Zürich, 1949.
[36] Ernst Jenny (* 16. Februar 1923 in Zürich, heimatberechtigt in Ennenda; † 14. Mai 2004 in Baden) war ein
Schweizer Maschineningenieur und Manager.
[37] ein abstraktes Lemma das aus weiteren Lemmata besteht, ist ein Multilemma.

Druckwelle. Die Zirkulationsschnelle und die Druckwelle ist vorzeichenbehaftet. Sie (die Zirkulationsschnelle) pflanzt sich longitudial mit einer Ausbreitungsgeschwindigkeit fort, die vom Stoff und von thermodynamischen Parametern abhängig ist und mit der Machzahl vergleichbar oder gleich. Weil das FwF Tube endlich ist, herrschen an den Enden Reflektionsbedingungen für Zirkulationsschnellen (viertes Prospekt):

Lemma 4:   FwF-Tubes besitzen Zirkulationsschnellen.
Lemma 4.0:   Zirkulationsschnellen in FwF-Tubes werden an deren Enden reflektiert.
Lemma 4.1: Γ-Schnellen in FwF-Tubes werden an einer Wand positiv reflektiert.
Lemma 4.2: Γ-Schnellen in FwF-Tubes werden an einer Phasengrenze negativ reflektiert.
Lemma 4.3:   FwF-Tubes interagieren nichtstationär mit anderen FwF-Tubes.

FwF-Tubes werden zerstört indem man ihnen (wörtlich) ein Ende bereitet. Dieses Beenden werden wir später einmal als „Piercen" benennen genau derart, wie wir ebendies beim biologischen Vogelflug beobachten; genaugenommen, dem Formationsflug der Zugvögel. Aber bis dahin ist noch ein wenig Zeit. Ebenso wie für eine Theorie der FwF-Tubes. Falls sie formuliert wird (irgendwann) liefert dieser Aufsatz eine auf fünf Prospekte und deren Lemmata reduzierte Vorlage. Das Lemma 5 ist spektakulär und es beinhaltet von Anbeginn meiner Beschäftigung mit Lagrange Kohärenten Fluid within Fluid-Systemen eine systemische Voraussetzung (fünftes Prospekt):

Lemma 5:   Die Impulsinduktion durch FwF-Tubes birgt eine Impulswirkung, die sich von der wahrnehmbaren Induktionswirkung in einem Feld unterscheidet.

Ist dieser Satz über ein theoretisches Modell kumulativer Induktionswirkungen ein prekäres Lemma? Die Antwort auf diese Frage könnte kurz ausfallen oder eine sehr weitreichende, vollendete, vielleicht auch unvollendete Forschung erörtern. Wie kann es also sein, dass ein Feld eine Impulswirkung birgt, welche sich von einer wahrnehmbaren Impulswirkung unterscheidet? Sie also verbirgt! Zunächst einmal ist die in die Strömung induzierte Geschwindigkeit an einem Ort im Feld eine kumulative Größe. Weil unser Modell (leider nur) eine iterative Prozessierung erlaubt, existieren (während der Iteration) im Feld Orte, an denen der Induktionsprozess vollständig abgeschlossen ist und andere Orte, an denen die Iteration gerade erfolgt und noch nicht abgeschlossen ist. In der Simulationspraxis bedeutet Kumulation, dass wieder und weiter diskrete, partielle Wirkungen wieder und weiter aufsummiert werden. Diese kleinen diskreten Pakete an Wirkung sind vorzeichenbehaftet, denn sie rühren aus einem pfadabhängigen, Vorzeichen behafteten Erzeugendensystem her. Tauchen während der Iteration an einer Stelle zwei Pakete ähnlichen Betrags aber unterschiedlichen Vorzeichens auf, verzehren sie einander, bzw. schmelzen das bereits Kumulierte ab. Ein finaler Betrachter wird (am Ende der Iteration) nicht wissen, wie turbulent es an einer bestimmten Stelle im Raum irgendwann hergegangen sein muss, wenn ihm nur das (lausige) Endergebnis präsentiert wird, welches durch eine rein mathematische Prozedur mit den häufigen und Vorzeichen behafteten Kumulationen und permanenten Kompen-sationen entsteht.
Ich hatte oben – und mit einem Seitenblick auf Hamilton - darauf verwiesen, dass die Phänomenologie der Fluid within Fluid Tubes auf einer speziellen Auslegung der allgemeinen Feldtheorie fußt und sich ebenso sagen lässt, dass die gesamte theoretische Elektrodynamik

auf einer speziellen Auslegung der allgemeinen Feldtheorie beruht. In der Elektrodynamik hat man überhaupt kein Problem damit zu zeigen (und zu sagen und zu lehren), dass im Falle einer Induktion ein Feld jene Impulswirkung verbirgt, die sich von einer wahrnehmbaren Impulswirkung unterscheidet. Ein Transformator wäre jetzt in unserer Argumentation ein dankbares Beispiel oder die Zündspule für einen Otto-Hubkolbenmotor oder ganz allgemein eine mit einem Gleichstrom beaufschlagte Drahtschleife. Diese induziert magnetische Wirkungen in einem Feld. Sobald der elektrische Strom unterbrochen wird – bei unserem Ottomotor entspräche das dem Öffnen des Zündkontaktes, dem so genannten „Polschuh-Abriss" – sobald also der Strom nicht mehr fließt, kommt es zu einer (heftigen) Induktion im Kern der elektrodynamischen Spule, warum? Weil die „jemals in das Feld induzierte" Energie erhalten bleibt: „die elektrische Beaufschlagung endet, aber die Energie steckt noch im Feld", so wird es in der Elektrotechnik gerne erklärt. Und nur für den Fall – und ich füge hinzu: für den bislang ungeklärten Fall – dass das einem elektrodynamischen Feld äquivalente fluid-mechanische Strömungsfeld, bei einer Stromänderung, pardon im Falle Zirkulationsänderung, sich adäquat verhält, sollte man gleich zu Beginn der Modellbildung den jemals in das Feld eingespeisten Impuls von dem in einem vollständig prozessierten Feld sichtbaren Impuls unterscheiden. In der numerischen Simulationspraxis ist es demnach klug, eine Bruttobilanz von Strömungsgrößen (jemals eingekoppelt) von einer Nettobilanz von Strömungsgrößen (was wir sehen) zu erheben und zu unterscheiden.

Aber warum argumentieren wir mit dem Impuls (auf ein finites Masseelement), wenn wir doch gerade eben die im elektrischen Feld verborgene Energie referierten? Auch diese Frage ist weiter oben bereits implizit beantwortet dadurch, dass das pfadabhängige Lagrange Kohärente Erzeugendensystem, die Fluid within Fluid Tube, eine pfadbehaftete Induktions-wirkung im Feld generiert. Und da ist nun mal der Impuls, respektive die im Feld verborgene oder geborgenen „Impulsmächtigkeit der fluidmechanischen Induktion", eine vornehme physikalische Größe. Auch hier gibt es wieder eine elegante und wirklich verlockende mathematische Herangehensweise, also die übliche mathematische Herangehensweise, die im Falle der exponentiell geradzahligen, sagen wir: der zweigestrichenen Geschwindigkeit v" (Energie) ihre Herkunft aus dem pfadabhängigen Erzeugendensystem unterschlägt, während bei der eingestrichenen Geschwindigkeit v' (Impuls) und der dreigestrichenen Geschwindig-keit v"' (Leistung) der induzierten Wirkung im Feld, die Richtung ihrer Herkunft anhaftet. Dies also führt zu Lemma5 und der Vermutung, dass sich eine Impulsinduktion durch FwF-Tubes im Feld verbirgt und von der wahrnehmbaren Induktionswirkung unterscheidet. Davon, wie sich die unterschiedlich bilanzierte Impulswirksamkeit in der Simulationspraxis wechsel-wirklicher physikalischer Modelle oder vielleicht sogar in der Realität (draußen in der bösen Welt) ausnimmt, soll in diesem Aufsatz nicht die Rede sein. Vielleich nur so viel: Beobach-tungen legen die Vermutung nahe, dass fluidische Lebewesen ganz systematisch in ihrer Umgebung Strukturen aus (energetisch) hochwertigen Wirbelfäden aufsuchen, nur um sie dann – in einem zweiten Schritt – zu deformieren oder gar zu zerstören[38]. Kandidaten sind bewiesenermaßen die wirbelaffinen Salmoniden auf dem Weg zu ihren Laichplatz und zur Quelle jenes Stroms, in dem sie trickreich und Impuls erntend (Lemma 4.1) „bergauf"

---

[38] Felgenhauer, Mi. (2021). Wirbel, Flossen und Kamele. Fluidische Ergänzungen Kohärenter Objekte. GRIN-Verlag GmbH München, ISBN(e-Book): 9783346390257. ISBN (Buch): 9783346390264, VNR: v1005949

schwimmen[39] und der Formationsflug der Zugvögel[40]. Letzterer wird derzeit aber noch nicht mit der Manipulation „vorgefundener" energiereicher Wirbelfäden in Verbindung gebracht.

Schlussbetrachtung

Es existiert also keine Theorie der Fluid within Fluid-Tubes (FwF). Eine praktikable Phänomenologie der Fluid within Fluid-Tubes fußt einerseits auf der Wirbelphysik von Helmholtz und sie respektiert auf der anderen Hand die Definition Lagrange Kohärenter Systeme Hallers. Bedeutet eine Phänomenologie nun wenig oder viel; was ist sie wert? In der Wissenschaftssprache behandelt eine „Theorie[41]" eine Gruppe aufeinander bezogener logischer Aussagen, die zumindest teilweise durch Empirie bestätigt sind. Im Vorfeld einer Theorie behandelt eine „Hypothese" Annahmen, deren Gültigkeit nicht bewiesen bzw. verifiziert ist, die aber geeignet sind, Erscheinungen zu erklären. Der Begriff „Phänomen[42]" beschreibt schon im Altgriechischen eine ästhetische Erscheinung, ein mit den Sinnen wahrnehmbares Ereignis. Eine Phänomenologie könnte demnach eine Sammlung von wahrnehmbaren Ereignissen darstellen. Ereignisse, die in Laboren stattfinden und beobachtet werden unter abstrakten Randbedingungen oder im Realen, draußen in der Bösen Welt, in der Natur. Wissenschaft versteht sich als Lehre realer Erscheinungen und ihrer Zusammenhänge. Dahinter bleibt eine Phänomenologie zurück als eine sinnlich erfahrbare, ästhetische Methodik, die die deskriptiven Aspekte der Wissenschaft gegen die experimentellen und theoretischen Methoden abgrenzt, „Aspekten" also, die Realität[43] als oberstes Paradigma der Widerspruchsfreiheit zum Beobachtbaren Realen einfordert.

Eine sinnlich erfahrbare, ästhetische Methodik ist sehr viel wert, um die oben gestellte Frage zu beantworten, denn sie greift im Realen. Eine ästhetische Methodik bedarf (kluger) deskriptiver Organe. Und diese können auch „artifizieller Natur" sein, können Modelle sein, Simulationen, bin ich überzeugt!

---

[39]Triantafyllou M., Triantafyllou G. S., Gopalskrishnan R. (1991) Wake Mechanics for Thrust Generation in Oscillating Foils, Physics of Fluids A, 3 (12), pp. 2835–2837.
Triantafyllou M., Triantafyllou G. S., Grosenbaugh M. A. (1992) Optimal Thrust Development in Oscillating Foils with Application to Fish Propulsion, Journal of Fluids and Structures.

[40] Das Fliegen in einer V-Formation hilft den Vögeln eines Schwarms, weite Flugstrecken energieeffizient zu bewältigen. Außer dem ersten Vogel fliegen alle im Auftrieb der Wirbelschleppe (Randwirbel) des vorausfliegenden Vogels. In einer V-Formation kann jeder Vogel eine Verringerung des Luftwiderstandes erreichen, welche die Reichweite vergrößert. Bei Formationsflügen von Kurzschnabelgänsen wurde eine Energieeinsparung von durchschnittlich 14 % errechnet. Die theoretisch optimale Position wurde jedoch nur von einigen der untersuchten Tiere eingenommen, was ihnen eine Verringerung des Aufwandes um 51 % erlaubte. Nach: https://de.wikipedia.org/wiki/V-Formation

[41] Eine Theorie ist eine durch Denken gewonnene Erkenntnis im Gegensatz zum durch Erfahrung gewonnenen Wissen. In der Wissenschaft bezeichnet Theorie abweichend ein System wissenschaftlich begründeter Aussagen, das dazu dient, Ausschnitte der Realität und die zugrundeliegenden Gesetzmäßigkeiten zu erklären und Prognosen über die Zukunft zu erstellen. https://de.wikipedia.org/wiki/Theorie

[42] in Phänomen (altgriechisch: ein sich Zeigendes, ein Erscheinendes') ist in der Erkenntnistheorie eine mit den Sinnen wahrnehmbare, abgrenzbare Einheit des Erlebens, beispielsweise ein Ereignis, ein Gegenstand oder eine Naturerscheinung. https://de.wikipedia.org/wiki/Ph%C3%A4nomen

[43]Als Realität wird im allgemeinen Sprachgebrauch die Gesamtheit des Realen bezeichnet. Als real wird zum einen etwas bezeichnet, das keine Illusion ist und nicht von den Wünschen oder Überzeugungen einer einzelnen Person abhängig ist. Zum anderen ist real vor allem etwas, das in Wahrheit so ist, wie es erscheint.

Realität und Wirklichkeit. Wirklichkeit muss nicht Realität sein. Wirklichkeit muss lediglich sein: physikalisch begründete Wechselwirklichkeit. Und im besten Falle eine Proposition. Ein Prospekt zu einer Theorie. Irgendwann. Physikalische Wechselwirklichkeit kann über die langen Strecken ihrer Abhandlung abstrakt sein, ja sogar artifiziell. Sie kann sein: ein konstruiertes poietisches[44] Kalkül, das taugt, sinnlich erfahrbare, ästhetische Phänomene in Wechselwirklichkeiten zu beschreiben; Phänomene also, die messbar sind, aber theoretisch noch nicht beschrieben. Phänomenologien bedienen jene fragile Vorsicht und Fracht, die sich einstellt immer dann, wenn die Beobachtung an einer Messeinrichtung in einem Labor, einem Windkanal etwa, ein verwegenes mathematisches Kalkül, die Analogie von Strömungs-mechanik und Elektrodynamik etwa, das numerische Modell in Entstehung und die Simulation dieser Wechselwirklichkeit in Erprobung befindet. Sich in der Freakphase[45] befindet.   In diesem Sinne ist physikalische Realität nur das (unser) bescheidendes Modell ihrer.

Gleichwohl generiert ästhetische Wechselwirklichkeit ein wohlgeordnetes Korsett physi-kalischer Entitäten[46] das geeignet ist und uns erlaubt, über jene physikalischen Zusam-menhänge zu spekulieren, die eine Grundvoraussetzung bieten für das Paradigma der Widerspruchsfreiheit des Beobachtbaren. Auf etwa dieser Ebene und unter der Gefahr wissenschaftlicher Falsifizierung[47] befindet sich das in diesem Aufsatz beschriebene, rezente Modell der „Fluid within Fluid- Tubes".
Wahrnehmbare, ästhetische Wechselwirklichkeit kann seinem Charakter nach wohl sortiert sein und eine Ordnung besitzen. Ebenso, wie ein artifizielles Modell Ordnung besitzen kann. Uns sind Methoden vertraut und wir sind es im Wissenschaftsalltag eher gewohnt Entitäten, Gestalt, Form und Funktion wissenschaftlich zu untersuchen und sie diesen Systemen impliziten Eigenschaften nach zu ordnen, als über Entitäten erhobene Prinzipien[48] zu widerlegen.
Eine Hypothese als eine Schar von Prospekten über artifizielle Systeme zu formulieren ist eine durchaus gewagte Methode auch dann, wenn sie Prinzip-basierte Systeme betreffen:
Also Fluid within Fluid Tubes betreffen.

Michel Felgenhauer im Frühjahr 2022

---

[44] Schöpferisches Konstrukt. Der Begriff Poietik (griechisch ποιητική poietike, zu poiein ‚machen') bezeichnet im ursprünglichen Sinn eine Wissenschaft oder Lehre des Schaffens und Gestaltens oder eine bestimmte Kunstlehre. Wissenschaftstheoretisch geht das poietische Konzept, das schöpferisches Konstrukt auf Aristoteles zurück: „alle denkende Reflexion betrifft entweder das handelnde Leben oder die hervorbringende Tätigkeit oder bewegt sich in reiner Theorie". Poiesis bedeutet, sich durch Auseinandersetzung mit einem Gegenstand eine Wirklichkeit zu schaffen.

[45] Ein Freak [fɹiːk] (aus dem Englischen freak: „Krüppel, Verrückter) Lebensweise und Lebensführung eines Freaks können sich von der eines Durchschnittsbürgers unterscheiden und bewusst individuell, unangepasst, anders oder „flippig" sein (freaky).

[46] Der Begriff Entität stammt aus dem Lateinischen und bedeutet „Seiendes" oder „Ding", ein eindeutig identifizierbares, einzelnes (Informations-) objekt. Entitäten können sowohl reale Dinge als auch abstrakte Objekte sein.

[47] Falsifikation, auch Falsifizierung (von lat. falsificare „als falsch erkennen") oder Widerlegung, ist der Nachweis der Ungültigkeit einer Aussage, Methode, These, Hypothese oder Theorie. Aussagen oder experimentelle Ergebnisse, die Ungültigkeit nachweisen können, heißen „Falsifikatoren".

[48] Ein Prinzip ist eine (feste) Regel, an der sich jemand orientiert, während er sein Ziel verfolgt. Prinzipien können auch (allgemeingültige) Regeln sein, auf denen künstliche Konstrukte, Modelle oder Strukturen, sowie Methoden aufbauen. Wissenschaftliche Untersuchungen können Prinzip-basierte Systeme betreffen.

BIBLIOGRAPHIE, Quellen und weiterführende Literatur

[Abbo-59]   Ira H. Abbott, Albert E. von Doenhoff: Theory of Wing Sections: Including a Summary of Airfoil Data. Dover Publications, New York 1959.

[Bann-02]   Bannasch, Rudolph. Vorbild Natur. In: design report 9/02, S.20ff. Blue. C Verlag Stuttgart: 2002.

[Bapp-99]   Bappert, R. Bionik, Zukunftstechnik lernt von der Natur. SiemensForum München/Berlin und Landesmuseum für Technik und Arbeit in Mannheim (Herausgeber): 1999

[Bech-93]   Bechert, D.W.: Verminderung des Strömungswiderstandes durch bionische Oberflächen. In: VDI-Technologieanalyse Bionik, S. 74 – 77. VDI-Technologie-zentrum Düsseldorf 1993.

[Bech-97]   Bechert, D.W., Biological Surfaces and their Technological Application. 28th AIAA Fluid Dynamics Conference: 1997

[Cal-84]   Calder, W.A. (1984) Size, Function and Life History. Harvard University Press. Cambridge 431pp.

[Dar-17]   D'Arcy Thompson, Wentworth (1917) On Growth and Form. Cambridge, The University Press.

[Dar-06]   D'Arcy Thompson, Wentworth (2006) Über Wachstum und Form, Eichborn Verlag, Frankfurt am Main und Birkhäuser Verlag Basel (1973) ISBN 3-8218-4568-6

[Die 18-2]   Dienst, Mi. (2018) DARCY Transformation. Einige Gedanken zu D'ARCY THOMPSONS THEORIE OF TRANSFORMATION. GRIN-Verlag GmbH München, ISBN(e-Book): 9783668621053, ISBN(Buch): 9783668495197

[Die15-7]   Dienst, Mi. (2015) Dossier über die Forschung der BIONIC RESEARCH UNIT der Beuth Hochschule für Technik Berlin, GRIN-Verlag GmbH München, ISBN (e-Book): 978-3-668-02183-9, ISBN (Buch) 978-3-668-02184-6.

[Die09-4]   Dienst, Mi.(2009) Physical Modelling drivenBionics. GRIN-Verlag München.

[DUB-95]   Dubbel, Handbuch des Maschinenbaus, Springer Verlag Berlin, 15.Auflage 1995.

[Eppl-90]   Richard Eppler: Airfoil Design and Data. Springer, Berlin, New York 1990.

[Fel 20-3]   Felgenhauer, Mi. (2020). Synthetische Lundgren-Wirbel und Lagrange Kohärente Objekte. GRIN-Verlag GmbH München, ISBN(e-Book): 9783346276841, ISBN (Buch): 9783346276858, VNR: V922760

[Fel 20-2]   Felgenhauer, Mi. (2020) Artifizielle Lagrange Kohärente Strukturen. About artificial Lagrangian Coherent Structures. GRIN-Verlag GmbH München, PDF-Version, ISBN: 9783346285904, ISBN (Buch): 9783346285911 Katalognummer. v913092

[Fel 21-5]   Felgenhauer, Mi. (2021). Implicite Coherent Fluid Systems. Fluid within a Fluid. GRIN-Verlag GmbH München, ISBN(e-Book): 9783346407030. ISBN (Buch): 9783346407047, VNR: v1012490

[Fel 21-4]   Felgenhauer, Mi. (2021). Implizit kohärente Fluidsysteme. Fluid within a Fluid. GRIN-Verlag GmbH München, ISBN(e-Book): 9783346407016, ISBN (Buch): 9783346407023, VNR: v1012488

[Fel 21-3]   Felgenhauer, Mi. (2021). Wirbel, Flossen und Kamele. Fluidische Ergänzungen Kohärenter Objekte. GRIN-Verlag GmbH München, ISBN(e-Book): 9783346390257. ISBN (Buch): 9783346390264, VNR: v1005949

[Fel 21-2]   Felgenhauer, Mi. (2021). CIRCE, ein Laborwirbel. About a spiral Lagrange Coherent Object. GRIN-Verlag GmbH München, ISBN (Buch): 9783346376657, VNR: V990559

[Fel 21-1]   Felgenhauer, Mi. (2021). Zur fraktalen Natur synthetischer Lundgren-Strukturen. On the fractal nature of synthetic Lundgren structures. GRIN-Verlag GmbH München, ISBN(e-book): 9783346346193, ISBN (Buch): 9783346346209, VNR: v987098

[Fel 20-2]   Felgenhauer, Mi. (2020) Artifizielle Lagrange Kohärente Strukturen. About artificial Lagrangian Coherent Structures. GRIN-Verlag GmbH München, PDF-Version (pdf), ISBN: 9783346285904, ISBN (Buch): 9783346285911 Katalognummer. v913092

[Fel 20-1]   Felgenhauer, Mi. (2020). Die Verteilung von Induktions-wirkungen Lagrange Kohärenter Objekte. Zur Topographie und Kondition von Geschwindigkeitsfeldern. GRIN-Verlag GmbH München, ISBN (e-Book): 9783346285904, ISBN (Buch): 9783346142146, VNR:535307

[Fel 19-6]   Felgenhauer, Mi. (2019) Über Wirbelschleifen, das Gesetz von Biot und Savart und komplexe Potentiale. About Vortex Loops. ISBN(e-Book 9783668920361, ISBN(Buch): 9783668920378

[Fel 19-5]   Felgenhauer, Mi. (2019) Anmerkungen zur Potential-theorie und zur Fluidmechanik. Spezielle Auslegung eines universellen Verfahrens. ISBN(e-Book): 9783668908024, ISBN(Buch): 9783668908031

[Fli-02]   Flindt, R. (2002) Biologie in Zahlen Berlin: Spektrum Akademischer Verl.

[Fren-94]   French, M.: Invention and Evolution: design in nature and engineering. Cambridge University Press. Cambridge 1994.

[Fren-99]   French, M.: Conceptual Design for Engineers. Berlin, Heidelberg, New York, London, Paris, Tokio: Springer: 1999

[Guen-98]   Günther, B., Morgado, E. (1998) Dimensional analysis and allometric equations concerning Cope's rule.RevistaChilena de Historia Natural 71: 1989

[Gör-75]   Görtler, H. Diemensionsanalyse. Berlin Springer 1975

[Guen-66]   Günther, B., Leon, B. (1966) Theorie of biological Similarities, nondimensional Parameters and invariant Numbers. Bulletin ofMathematicalBiophysics Volume 28, 1966.

[Hal-10]   G. Haller. (2010) A variational theory of hyperbolic Lagrangian Coherent Structures. Physica D: Nonlinear Phenomena,240(7):574–598,2010.

[Hal-00]   G. Haller, G.Yuan Lagrangian coherent structures and mixing in two dimensional turbulence, Division of Applied Mathematics, Lefschetz Center for Dynamical Systems, Brown University, Providence, RI 02912, USA Received 11 February 2000;

[Hüt-07]   Hütte, 2007, 33. Auflage, Springer Verlag. S.E147

[Hux-32]   Huxley, J.S. (1932) Problems of relative Growth. London: Methuen.

[Kar-35]   Karman von,T. Burgess J.M. (1935) General aerodynamic theory: perfect fluids, In *Aerodynamic Theory* vol. II (cd. W. F. Durand), p. 308. Leipzig: Springer Verlag.

[Katz-01]   Joseph Katz, Allen Plotkin (2001) Low-Speed Aerodynamics (Cambridge Aerospace Series) Cambridge University Press; 2 edition (February 5, 2001)

[Kra-86]   Krasny, R. (1986) Desingularization of Periodic Vortex Sheet Roll-up. Courant Instirute oJ' Mathematical Sciences, New York Unioersity, 251Mercer Street, Nen, York, New York 10012, received November 15, 1981; revised July 25, 1985

[Kra 91]   Krasny, R. (1991) Vortex Sheet Computations: Roll-Up, Wakes, Separation. In: Lectures in Applied Mathematics, Vol.: 28. (1991)

[Liao-03]   Liao, J.C.; Beal, D.; Lauder, G.; Triantayllou, M. Fish Exploting Vortices Decrease Muscle Activty.In: Science 2003, S. 1566-1569. AAAS. 2003.

[Lech-14]   Lecheler, S. (2014) Numerische Strömungsberechnung Springer Verlag Berlin Heidelberg. ISBN 978-3-658-05201-0

[Lun-82]   T. S. Lundgren, T.S. (1982) Strained spiral vortex model for turbulent fine structure, The Physics of Fluids 25, 2193 (1982); https://doi.org/10.1063/1.863957

[Mof-84]   Moffatt, K.H. (1984) Simple topological aspects of turbulent vorticity dynamics In: Turbulence and Chaotic Phenomena in Fluids, ed. T. Tatsumi (Elsevier) 223-230.

[Nach-98]   Nachtigall, W. : Bionik – Grundlagen und Beispiele für Ingenieure und Naturwissenschaftler. Springer-Verlag, Berlin-Heidelberg-New York 1998.

[Oert-11]   Oerteljr., H., Böhle, M., Reviol, Th. (2011) Strömungsmechanik, Grundlagen.Springer Verlag Berlin Heidelberg. ISBN 978-3-8348-8110-6

[PaBe-93]   Pahl. G.; Beitz, W.: Konstruktionslehre, 3.Auflage. Berlin- Heidelberg-New York-London-Paris-Tokio: Springer 1993

[Pei 88]   Peitgen, H.O. (1988) Fraktale: Computerexperimente entzaubern komplexe Strukturen. In: 115. Verhandlungen der Gesellschaft Deutscher Naturforscher und Ärzte 17. Bis 20.9 1988. S. 123ff.

[Rech-94]   Rechenberg, Ingo. Evolutionsstrategie'94. Frommann-Holzoog Verlag. Stuttgart: 1994.

[Scha-13]   Schade, H. (2013) Strömungslehre. De Gruyter Verlag. ISBN-13: 978-3110292213

[Sun-16]   Sun,P.N., Colagrossi, A. Marrone, S. , Zhang, A.M, (2016) Detection of Lagrangian Coherent Structures in the SPH framework, College of Shipbuilding Engineering, Harbin Engineering University, Harbin 150001, China; CNR-INSEAN, Marine Technology Research Institute, Rome, Italy; Ecole Centrale Nantes, LHEEA Lab. (UMR CNRS), Nantes, France.

[Tham-08]   Siekmann, H.E., Thamsen, P. U. (2008) Strömungslehre Grundlagen, Springer Verlag Berlin Heidelberg. ISBN 978-3-540-73727-8

[Tho-59]   Thompson, D'Arcy, W. (1959) On Growth and Form. London: Cambridge University Press. (Neuauflage der Originalschrift 1907)

[Tho-92]   Thompson, D W., (1992). *On Growth and Form*. Dover reprint of 1942 2nd ed. (1st ed., 1917). ISBN 0-486-67135-6

[Tria-95]   Triantafyllou, M.: Effizienter Flossenantrieb für Schwimmroboter. In: Spektrum der Wissenschaft 08-1995, S. 66–73. Spektrum der Wissenschaft-Verlagsgesellschaft mbH, Heidelberg 1995.

[Tria-87]   Triantafyllou M., Kupfer K., Bers A. (1987) Absolute instabilities and self-sustained oscillations in the wakes of circular cylinders. Physical Review Letters 59, 1914–1917. ADSCrossRefGoogle Scholar

[Tria-91]   Triantafyllou M., Triantafyllou G. S., Gopalskrishnan R. (1991) Wake Mechanics for Thrust Generation in Oscillating Foils, Physics of Fluids A, 3 (12), pp. 2835–2837.ADSCrossRefGoogle Scholar

[Tria-92]   Triantafyllou M., Triantafyllou G. S., Grosenbaugh M. A. (1992) Optimal Thrust Development in Oscillating Foils with Application to Fish Propulsion, Journal of Fluids and Structures (Accepted for Publication)Google Scholar

[Vos-15-2]   M. Voß, H.-D. Kleinschrodt, Mi. Dienst: "Experimentelle und numerische Untersuchung der Fluid-Struktur-Interaktion flexibler Tragflügelprofile", Resarch Day 2015 - Stadt der Zukunft Tagungsband - 21.04.2015, Mensch und Buch Verlag Berlin, S. 180- 184, Hrsg.: M. Gross, S. von Klinski, Beuth Hochschule für Technik Berlin, September 2015, ISBN:978-3-86387-595-4.

[Vos-15-1]   M. Voss, P.U. Thamsen, H.-D. Kleinschrodt, Mi. Dienst (2015): "Experimeltal and numerical investigation on fluid-structure-interaction of auto-adaptive flexible foils", Conference on Modelling Fluid Flow (CMFF'15), Budapest, Ungarn, 1.-4. September 2015, ISBN (Buch): 978-963-313-190-9.

[Vos-15-2]   M. Voss, (2015) Experimentelle und numerische Untersuchung flexibler Tragflügelprofile. Dissertation, Technische Universität Berlin 2015.

[Zeg05]   Zeglin, S.: Statistische Eigenschaften zweidimensionaler Turbulenz, Westfälische Wilhelms-Universität Münster, Diplomarbeit, 2005

[Zie - 72]   Zierep, J. (1972) Ähnlichkeitsgesetze und Modellregeln der Strömungslehre.

Epilog
Seit der Pandemie und etwa vor zwei Jahren, aber spätestens seit dem Beginn des elenden
Krieges in Europa vor wenigen Wochen wissen wir, dass wir sterblich sind. Wissen wir, dass
die Kanäle wissenschaftlichen Arbeitens endlichen Querschnitts sind und plötzlich zu Ende.
Dankbar behandle ich das kostbare Geschenk, einen wenig notwendigen Text schreiben zu
dürfen, wohl wissend, dass sehr viel notwendigere Texte derzeit nicht geschrieben werden.

Michel Felgenhauer ist das Pseudonym des Motorenbauers Michael Dienst aus Wiesbaden.
Ich lebe und arbeite in Berlin, bin Sprecher der Bionic Research Unit der Berliner Hochschule
für Technik und seit 1996 Dozent für Bionic Engineering an unterschiedlichen Hochschulen.

Martha Felgenhauer stirbt 1943 als junge Frau in Ziegenhals, Schlesien. Die sie kannten
sagen, wir seien wesensverwandt. Gelegentlich also erzähle ich meiner Großmutter
Geschichten aus der fröhlichen Wissenschaft.

Berlin im Frühjahr 2022

BEI GRIN MACHT SICH IHR WISSEN BEZAHLT

- Wir veröffentlichen Ihre Hausarbeit,
  Bachelor- und Masterarbeit

- Ihr eigenes eBook und Buch -
  weltweit in allen wichtigen Shops

- Verdienen Sie an jedem Verkauf

Jetzt bei www.GRIN.com hochladen
und kostenlos publizieren